生命日记
哺乳动物
兔

任东波 编写

U0305048

吉林出版集团股份有限公司 全国百佳图书出版单位

图书在版编目（ＣＩＰ）数据

生命日记. 哺乳动物. 兔 / 任东波编写. —— 长春：吉林出版集团股份有限公司, 2018.4

ISBN 978-7-5534-1424-9

Ⅰ. ①生… Ⅱ. ①任… Ⅲ. ①兔—少儿读物 Ⅳ. ①Q-49

中国版本图书馆 CIP 数据核字(2012)第 316434 号

生命日记·哺乳动物·兔

SHENGMING RIJI BURU DONGWU TU

编　　写	任东波
责任编辑	赵黎黎
装帧设计	卢　婷
排　　版	长春市诚美天下文化传播有限公司
出版发行	吉林出版集团股份有限公司
印　　刷	河北锐文印刷有限公司
版　　次	2018 年 4 月第 1 版　2018 年 5 月第 2 次印刷
开　　本	720mm×1000mm　1/16
印　　张	8
字　　数	60 千
书　　号	ISBN 978-7-5534-1424-9
定　　价	27.00 元
地　　址	长春市人民大街 4646 号
邮　　编	130021
电　　话	0431-85618719
电子邮箱	SXWH00110@163.com

目 录

Contents

目 录

Contents

目 录

Contents

目　录

Contents

兔

　　我是人类的朋友小兔子，我一身白色的被毛，尾巴短短的。我的前肢比后肢要短，这点让我善于跳跃。我的性情十分温顺，胆小怕惊，常常在夜间出来觅食。想要对我了解更多吗？那让我们一同阅读下我的日记吧！

生命的诞生

6月1日 周二 晴

今天我诞生了，没有手没有脚，只是一个受精卵而已，可是我的来历可一点都不简单呢！不久以前爸爸的精子历经千辛万苦，终于见到了妈妈的卵子，精子和卵子结合在一起，于是就有了我。我会从最开始

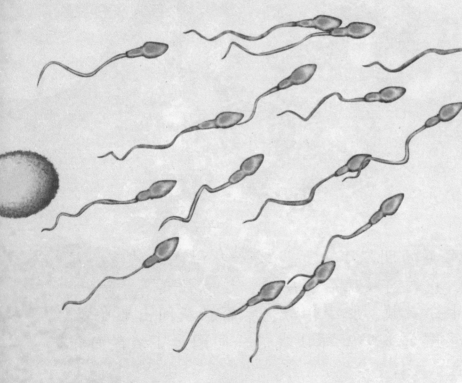

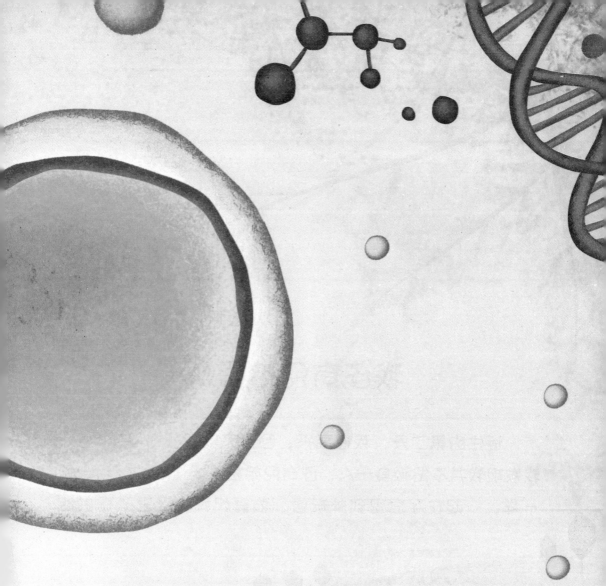

的1个细胞分裂成2个细胞，再分裂成4个细胞，再分裂成8个细胞……别看我现在很小，但是我一定会变成一只美丽的小兔子的，因为我有爸爸妈妈给我的遗传基因——DNA！嘘！这是个秘密！

我还有兄弟姐妹

6月2日 周三 晴

　　诞生的第二天，我很高兴，因为来到妈妈的子宫之后，我发现我并不是孤身一人，还有兄弟姐妹呢！它们跟我一模一样，一起在子宫里到处玩耍，依靠妈妈的子宫乳提供能量，所以我们可以无忧无虑地玩耍。此外，我还发现了一个秘密呢——妈妈的子宫是两室两厅的，叫做双子宫！但这两个子宫不相通，不然我们就可以和另一个子宫里的兄弟姐妹们一起玩了。

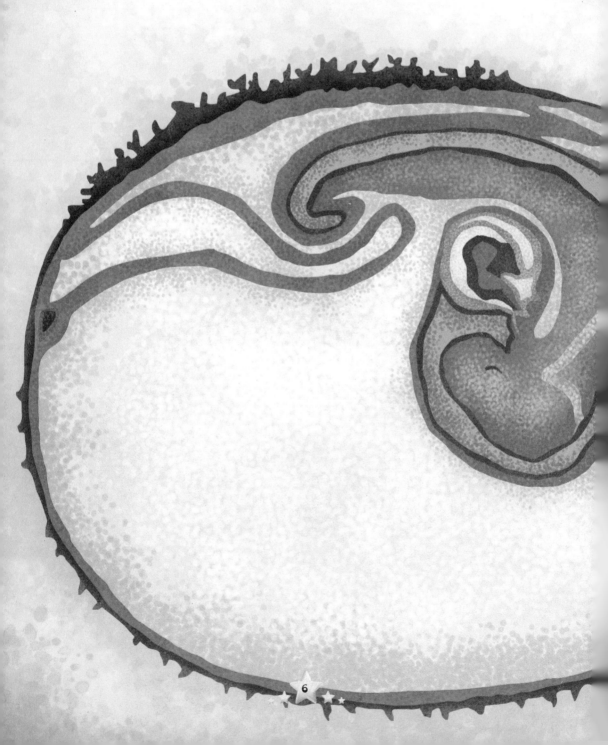

我有一个温暖的床

6月7日　周一　晴

　　我爱妈妈！前几天兄弟姐妹们在一起玩得太开心了，现在觉得好累啊，真想有一个大大的软软的床，可以舒舒服服地睡一觉，好好成长。妈妈好像听到了我们的祈祷，在子宫里给我们造了一个大床。这个床有一个特别的名字叫胎盘，着床之后妈妈还用一根脐带把我们和胎盘连在一起，这样妈妈就可以把好吃的输送给我们，再把我们的代谢废物送走。

我在逐渐长大

6月25日 周五 晴

好多天没有写日记了，我在妈妈的子宫里已经待了好久好久，每天都在努力地吸取蛋白质、维生素等营养物质，可是一直都长得很慢。不过今天我发现我已经长出手脚了！妈妈告诉我，我们兔类的胚胎发育就是这样的，刚开始的20天我们生长得很慢，但是后来的10天里生长速度就会变得特别快，这是我们兔子的生长规律。听了妈妈的话，我很开心，再过不久就可以离开子宫去外面的世界了。

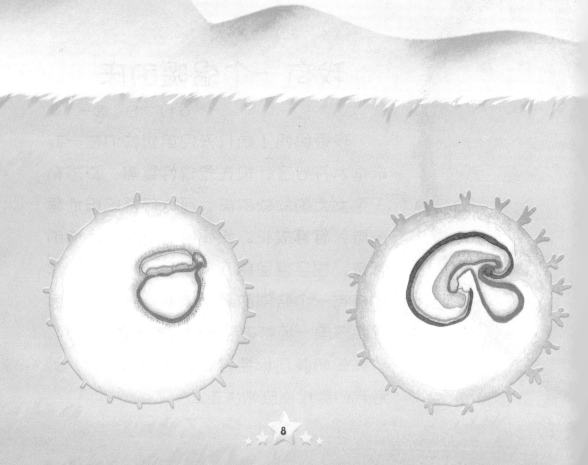

我出生了

7月1日　周四　晴

今天在太阳公公露出脸之前，通过妈妈辛苦的分娩，我和兄弟姐妹们终于离开了妈妈的子宫，陆续来到外面的世界，呼吸到了新鲜的空气！妈妈说我们喜欢黑暗的环境，这样会让

我们觉得安心。我的眼睛还没睁开，也不知道外面和我想象的世界是否一样。我现在只有5厘米长，个子小小的，身体红彤彤的，没有漂亮而温暖的皮毛。妈妈把我们紧紧地拥在怀里，害怕我们会挨冻，还喂给我们非常美味的初乳！

生在中国，祖先却来自欧洲

7月3日　周六　晴

出生的这几天，我每天都吃得饱饱的，睡得香香的，生长速度也很快，比刚出生的时候胖了不少。我的眼睛还是睁不开，什么也看不见。妈妈为了安慰我，讲了祖先的故事给我们听。原来在很久很久以前，我们的祖先居住在遥远的欧洲，它们有一个特别的名字，叫做欧洲穴兔。后来在人类的驯化下，才有了家兔这个品种。欧洲的商人们通过丝绸之路，把我们的祖先带到了相隔万里的中国，繁衍生息。

我开始长毛了

7月5日 周一 晴

虽然我还没有睁开眼睛，但是已开始长毛了，这标志着我从今天开始有了较强的体温调节能力。妈妈说我的耳朵也

14

有调节体温的能力。没有长毛的时候我特别怕冷，一旦觉得有些凉就会躲在妈妈的怀里，现在有了毛，就可以自己保暖，不麻烦妈妈了。我好奇地问妈妈我的毛是什么样的，妈妈说兔子的毛是短短的、白白的，特别漂亮！不过我们兔类的毛可不都是白色的哦！

胃口很大，为了长得更快

7月6日 周二 晴

7月份的天气很热，蚊子也特别多。但是，自从我长了绒毛之后就不再怕蚊子叮咬了。不过，我们也需要凉爽的环境，只要多开开窗通通风就很凉快了。每天我都吸吮很多的乳汁，这样我的生长发育才能正常。此时的我免疫系统还不完善，还要靠妈妈乳汁里面的免疫物质来保护我。虽然现在的我还处在睡眠期，可是生长发育却在如火如荼地进行。

我的耳朵张开了

7月8日 周四 晴

今天我的耳朵张开了，我高兴地动着耳朵，左动动，右转转，真好玩！我的耳朵长长的，很灵活，可以听到很小的声音哦！你们人类听不到的声音有时我都能听到，这个特性也是祖先留给我们的呢！很久很久以前我们的祖先生活在野外的时候，就是靠着灵敏的耳朵辨别捕猎者（我的天敌——食肉动物）的方位，然后躲避敌害生存下来的。我的耳朵是非常脆弱的，所以千万不要粗暴地抓住我的耳朵。

我们有奶妈了

7月9日 周五 晴

　　我有很多兄弟姐妹，为了长得快快的，大家都要吸好多乳汁，可是这可苦了妈妈，渐渐地妈妈的乳汁不够我们吃了。怎么办呢？最开始主人用了好多催奶的方法，让妈妈多产奶，可是奶水还是不够，后来主人就为我们找来了保姆兔们。所以从今天开始我们就有奶妈了。奶妈对我们很好，还和妈妈成了好朋友，处在哺乳期的她们有好多话题。自从有了奶妈之后，我们的食物又充足了，我又长胖了！

哇！这个世界好美丽

7月11日　周日　晴

今天我终于睁开眼睛了！一睁开眼睛就看见了妈妈，妈妈正在温柔地看着我。妈妈跟我想的一样漂亮，有大大的眼睛，长长的睫毛，长长的耳朵，还有雪白的皮毛。我一扭头，看见兄弟姐妹们也都睁开了眼睛。我问妈妈："要是睁不开眼睛，怎么办呢？"妈妈告诉我不用担心，因为主人会辅助小兔子们开眼的。

23

为了吃得饱，我开始吃饲料

7月21日 周三 晴

今天我吃到饲料了，味道好极了。妈妈说这是主人特别为我们准备的饲料，和妈妈吃的饲料不一样。我已经长大

了，不能一直吸妈妈的乳汁，而且随着时间的增长，妈妈的乳汁也渐渐地不能满足我们对营养物质的需要了。我现在吃的饲料营养特别丰富，吃到嘴里觉得软软的，特别好吃。妈妈告诉我们："现在的你们消化能力还很弱，吃多了会肚子疼的，所以你们每天只能吃一点点，不久的将来你们就可以只吃饲料了。"

我的喜怒哀乐

8月3日 周二 晴

今天我很生气，因为哥哥抢了我的食物。哥哥明明有食物却还要吃我的，我气得一直用后脚蹬地（也叫顿足行为），发出"踏""踏"的响声来告诉哥哥我真的生气了。后来哥哥看见我不高兴了，就带着食物来道歉，哥哥说它只是在逗我玩呢！可是我还是很生气，哥哥就给我讲笑话，逗得我哈哈大笑，还发出了"呼""呼"的声音呢，"呼""呼"就是我和哥哥表示亲近的意思哦！

我断奶了

8月10日　周二　晴

我长大了，开始断奶了，现在每天可以只吃饲料不吸妈妈的乳汁了。妈妈说断奶对我们来说很重要，因为长大了以后就要和妈妈分开生活了，不能一直吸妈妈的乳汁，要自己吃饲料，自己照顾自己。如果我们一直依赖妈妈的乳汁，会让妈妈变得虚弱，而且还会影响我们消化道中各种酶的形成，使我们生长缓慢。刚断奶的我有些不适应，出现了应激反应，不过不用担心，过几天习惯吃饲料就好了！

我很挑食

8月15日 周日 晴

　　我长大了一定是个美食家，因为我对吃的东西可挑剔了。刚断奶的我不喜欢太大的食物，也不喜欢太硬的食物。我吃的食物里不但要含有蛋白质、维生素和矿物质，而且还要有粗纤维和微量元素。食物一定要干净、新鲜，我喜欢吃青草和水果，不过我不太喜欢喝水，因为妈妈说凉水喝多了会拉肚子。所以吃草的时候，我只吃沥干水的菜叶哦！

我长大了

8月18日 周三 晴

因为我的年龄小，所以一直都吃特制的饲料，和妈妈吃的不一样。妈妈说因为我的消化系统还没有发育成熟，消化道里面的正常菌群也没有建立，所以只能吃小小的、稍软的食物。我现在长大了，不能总吃小时候的主食了，慢慢地，我的食物变成一半原来的饲料、一半生长料，然后再变成1:2的比例……到今天我已经能只吃生长料了，妈妈都夸我表现好呢！

即将和妈妈分离

8月20日　周五　晴

　　妈妈说自从只吃生长料开始，我就可以独立地生活了。可是我还舍不得妈妈，不想和妈妈分开。哥哥和姐姐们今天已经离开妈妈，去其他地方居住了，可是我的体格相对小些，还要在妈妈身边多待几天。妈妈说我虽然体格小，但是也很健康，从耳朵就可以看出来。再过几天我就要和妈妈分开了，虽然很舍不得，但是这是我成长过程中必须要走的一步。

离开妈妈的怀抱

8月23日 周一 晴

　　比哥哥姐姐们和妈妈多在一起待了三天之后，我也要离开妈妈温暖的怀抱了。我害怕变得孤零零的，还好主人把我和姐姐安排在一起。我是个女孩子，和姐姐住在一起它可以照顾我、帮助我。今天我还认识了一个新朋友，它叫小咪，是主人养的一只小猫咪。我发现我的脚掌和小猫咪的很不一样呢！我的脚掌上全是毛，而小猫咪就没有，这是为什么呢？

我喜欢吃颗粒料

8月25日 周三 晴

人类有句俗语："民以食为天。"对我来说，兔子也以食为天。我是食草动物，青绿饲料对我来说是不可缺少的。我吃的饲料还有能量饲料、蛋白质饲料、粗饲料、青绿饲料等，可多了。而且主人还会在饲料里给我放一些饲料添加剂，特别好吃！我吃的饲料不仅种类多，而且饲料的形状也多种多样，有粉状的、颗粒状的、碎料等，不过我最喜欢吃的是颗粒料，因为颗粒料的口感是最好的哦！

39

我的理想住处

8月27日　周五　晴

　　我现在不愁吃不愁喝，每天都在做白日梦，那就是想有一个理想住处。我觉得，选房子地势很重要，一定要在每天都能晒到太阳的地方，阳光照在身上多温暖啊！嗯！我的房子不用太大，但是一定要干干净净的，不能太潮湿，因为我喜欢干爽的环境。我也不喜欢太吵闹的地方，噪音会让我觉得不安。我的房子四周最好还要有一些花花草草。

我要开始换毛了

9月3日　周五　晴

人类老说金秋九月，那是不是到了9月，秋天也就到了呢？那秋天到了，冬天也就快来了啊！为了迎接寒冷的冬天，最近我要积极地为过冬做准备。现在我已经开始换毛

42

了，要脱去夏天的毛，长出厚厚的冬毛。我在换毛期间比较虚弱，因为要把很多的能量用在冬毛生长上，所以对外界的抵抗力就变得弱了。而且换毛还是一个复杂的新陈代谢过程，这个时期的我需要很多营养，食谱里也多了好多蛋白质和优质饲草呢！

我很怕热

9月5日　周日　晴

一般到了秋天，气温就会逐渐下降，光照时间也逐渐变短，可是偶尔也会出现短暂的高温，人们俗称"秋老虎"。

"秋老虎"来了气温不降反升，有时会持续几天。我特别害怕高温，如果舍内超过 30℃，我就会感到不舒服。这是因为我是恒温动物，主要靠自己调节体温。我的汗腺特别少，只在嘴唇和腹股沟附近有一些，所以我的皮肤散热功能不好，只能通过其他的方式散热了，呼吸就是其中的一个很重要的散热方式。

我想定期出来溜达

9月7日 周二 晴

　　我最近又新学了一个人类的词语，叫做秋高气爽，这个词语形容秋季晴空万里，天气清爽，所以我想要在这秋高气爽的天气到外面去溜达溜达。我不仅喜欢出去溜达，而且还有其他的习性。我有夜行性，喜欢白天睡觉晚上外出活动。我还有嗜眠性，在白天很容易就睡着了，所以白天不要妨碍我睡觉，要保持安静哦。另外我还有群居性，这可是一种社会表现，不过哥哥们长大后在一起就容易咬斗。

我的肚子胀胀的

9月12日 周日 晴

　　我的肚子总是鼓鼓的，看起来胖胖的，要怎么做肚子才会瘪回去啊？纠结的我只能跑去问妈妈，她告诉我肚子胀鼓鼓的是因为我吃得太多了，不能完全消化。我们兔类消化食物有好几个过程，第一就是入口咀嚼，通过食道进入胃中，胃里有胃酸和蛋白酶可以消化食物，然后消化后的剩余食物残渣进入小肠，通过小肠的吸收和盲肠的发酵，最后排出体外。

安能辨我是雄雌

9月18日　周六　晴

今天我听见主人在念诗，"雄兔脚扑朔，雌兔眼迷离，双兔傍地走，安能辨我是雄雌"，出自《木兰诗》，大意是："提着兔子耳朵悬在半空中时，雄兔两只前脚时时动弹，雌兔两只眼睛时常眯着，所以容易分辨。雄雌两兔一起并排跑，怎能分辨哪个是雄兔哪个是雌兔呢？"我恍然大悟，原来古时候的人们是这样区别我们的性别的。我还听说《木兰诗》里的花木兰是个女英雄，我要向她好好学习，也要当兔子中的女英雄！

50

我和朋友的外表不一样

9月22日 周三 晴

我最近很疑惑，因为我和一些朋友的外表不一样。我的被毛是白色的，有些朋友的被毛是黑色的，还有银灰色的，甚至还有带花斑的呢！我的眼睛是红色的，而有些朋友的眼睛却是蓝色的。后来我知道原因了，是因为我们的色素不一样，也是由于遗传的原因，我们的遗传物质不一样，所以我们的毛色和眼睛就不一样了。

我的上唇很特殊

9月25日　周六　晴

　　我的上唇可特别了，它不像人类那样连成一片，而是有一个纵向的豁口，把上唇变成两瓣。我的祖先并不像我似的想吃什么就能吃到什么，那时候它们的食物主要是各种青草和草根。啃草根可是个技术活儿，而裂成两瓣的上唇就可以帮助祖先们吃到草根。分开的上唇让门齿可以很容易的露出来，吃草根的时候，也不会受到嘴唇的阻挡。裂开的上唇对我来说是一种骄傲。

兔毛长短不一

9月27日　周一　晴

　　今天主人带我去体检，我这才知道我的毛长原来只有3厘米，有些兔子的毛比我的毛短很多，也有些兔子的毛比我的长。有一种叫安哥拉的兔子，它的毛有10厘米长，最长可以长到17厘米呢！还有一种叫力克斯的兔子，它的毛比我的短，只有1.4～2.2厘米，它们家族毛长平均数也只有1.6厘米。大家都是兔子，毛长怎么差这么多呢？哦！我明白了！就像毛色和眼睛一样，因为我和它们的遗传物质不一样。

吃得多，长得快

9月30日　周四　晴

　　我已经长成幼兔啦，每天都吃很多，长得很快，我很开心！主人说我断奶还没有很长时间，所以吃的食物也很讲究。我为了不再变成大腹便便的样子，就每次都吃一点点，但是会吃很多次，这叫做少食多餐。而且主人还经常带我们出去玩，让我们加强运动，增强我们的体质，这样才能抵抗细菌和病毒等的侵袭。每天我们都是早上出去玩，晚上回到笼子里睡觉，生活得很滋润呢！

我要独自居住了

10月1日　周五　晴

　　我已经3个月大了，再过些日子就要成年了！要成为一只成年的青年兔，还得做一些准备。首先，我不能再同姐姐一起住，要自己住一个房间了，开始锻炼自己独立生活的能力。第二，虽然现在的我已经不像以前那样弱小了，但是我还要好好吃，快快长，要做一只健康的青年兔！我把想法告诉主人之后，主人夸我是个好兔子，给了我一个独立的房间，食物里也添加了好多有营养的东西。

我好喜欢跑步、跳跃

10月5日 周二 晴

　　我是个喜欢运动的兔子，最喜欢的运动是跑步和跳跃了。今天我和隔壁的小白兔一起比赛，看谁跑得快、跳得远，最后我跑得比较快，但是小白兔却比我跳得远，结果并不重要，因为我和小白兔是好朋友，我们玩得开心就好。我今天还听说了龟兔赛跑的故事。兔子和乌龟赛跑，兔子以为自己跑得很快就怠慢了比赛，乌龟虽然爬得慢，最后却赢了。

小时候怕冷，现在不怕了

10月10日 周日 晴

　　刚出生的时候我浑身没有一丝毛发，每天只能躲在妈妈的怀里取暖，特别害怕寒冷，特别容易着凉。可是现在的我是不怕冷的，因为我的皮毛已经长好了，皮下具有了厚厚的脂肪层。同时，我自己也能通过各种活动来产生热量。当环境温度降低的时候，我的身体就会缩小皮肤血管内径以减少血液流量，减少呼吸的次数，但是温度过低的话，我的生长发育和正常的繁殖会受到影响。

要用正确的姿势抓我哟

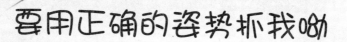

10月15日　周五　晴

今天主人又带我去体检了，结果表明我是一只健康漂亮的兔子，哈哈！这个检查结果让我很高兴！但是最近我有一个烦恼，可能是因为我长得太可爱，好多人都想要抓我、抱我，可是他们的姿势又不对，有时让我觉得很疼，甚至严重时还把我的耳朵给弄伤了！我的耳朵是听觉器官，不是把手……

我的眼睛很特别

10月19日 周二 晴

　　我有一双漂亮的大眼睛，它们是我重要的感觉器官之一，因为有了它们，视野特别宽阔，可以看到美好的世界！但我的视力却不是很好，这是因为我祖先昼伏夜出的习惯造成的。白天活动的话很容易被捕食者发现，所以晚上出来比较安全。寻找食物主要靠我们敏锐的嗅觉，时间长了我们的视力就不好了。

我该换冬装了

10月21日　周四　晴

到了10月底，温度开始下降，冬天很快来临。为了对抗寒冷的冬天，我要换上厚厚的冬装了！主人发现我最近开始长出冬毛了，食谱里就多加了丰富的营养物质，因为换毛的时候我对营养的需求特别大，如果这个时候吃不好，特别容易生病。另外，其实在动物的世界里，大家对抗寒冷的冬天都有自己的办法。比如笨笨的棕熊会去冬眠，大雁在冬天来临之前就会迁徙到温暖的南方。

我做了一个美梦

10月24日 周日 晴

　　我昨天晚上做了一个梦，梦见有了一栋属于自己的房子。房间里装满了我喜欢吃的食物，还邀请了好多朋友来玩耍，做游戏，吃东西，玩得好高兴。后来主人回来了，看见家里被我弄得乱乱的，却没有骂我，还对我笑。嘻嘻！在梦里，我还有属于自己的厕所，真是个美梦啊！不要打扰我，我又要去睡觉了。

我有好多亲戚朋友

10月28日　周四　晴

今天我去串门了，这才发现原来我还有很多亲戚呢！主人按照兔子的经济用途把我们兔子分为毛用兔、皮用兔、肉用兔、实验用兔和观赏兔子等。主人说还可以按体型大小来分类，分为大型兔、中

型兔、小型兔，甚至还有微型兔！
它们的名字都很好听哦，有毛色艳丽的喜马拉雅
兔，有原产于美国却叫新西兰兔的兔子，还有从
丹麦来的丹麦兔，从德国来的花巨兔，还有耳朵一直
耷拉着的法国垂耳兔等。

我喜欢穴居

11月2日 周二 晴

　　我的祖先是由野生的欧洲穴兔驯化而来的，现在的我们保留了好多祖先的特性，比如喜欢打洞穴居，把洞穴建成迷宫，洞的结构非常复杂。不过现在的我不能像祖先一样打洞穴居了，因为我已经有了属于自己的家。我喜欢在晚上活动，到了晚上特别精神。除此之外，胆小和爱干净也是祖先遗传给我的特性。

我也喜欢洗漱打扮

11月7日　周日　晴

　　人类说："爱美之心，人皆有之。"我虽然不是人类，但是爱美之心一点都不亚于人类哦！现在的我还在换毛期，所以每周主人都会给我梳理一次毛发。因为我自己会清洁卫生，一般不用洗澡。不过有时候因我太调皮，把身上弄得脏脏的时候，主人也会帮我洗澡的。我怕水，不喜欢湿湿的感觉。

我喜欢吃素

11月15日 周一 暖

　　我是个素食主义者，不喜欢吃荤菜。很多人都说荤菜比素菜好吃，其实不然，素菜也有很多种类，味道也非常好！我喜欢吃天然的牧草，如野苋菜、马齿苋、车前草等，味道很可口哦！蔬菜的味道也不错，其中，我最爱吃的就是胡萝卜了，它不仅味道好而且还含有很多维生素。我也很喜欢吃水生植物，不过主人在给我吃之前，会把水生饲料晒一晒。

我的身体很脆弱呦

11月20日 周六 晴

因为昨天我玩得太高兴了，结果一不留神骨折了，今天只能待在家里，不能出去玩了。我和小猫、小狗比起来，身体要娇嫩得多，特别容易生病或者受伤。我的骨骼特别的纤细，容易骨折。所以小朋友们一定要记得补钙，可不能像我这样娇弱。

我要经常磨牙

11月25日 周四 晴

　　兔形目的我，门齿和人类的不一样，它从我出生到死亡一直在生长。如果我每天吃的食物都很软，又没有能磨牙的树枝、木块等硬物，我的门齿就会长得过长，最后因不能顺利吃东西而被饿死。啮齿目的老鼠也有磨牙的习性，值得一提的是兔形目与啮齿目实际上是亲戚哦！因为我们有一个共同的祖先，叫做模鼠兔。

我还有一个秘密

11月30日 周二 晴

　　其实，我有一个不为人知的秘密——我会吃从自己体内排出的粪便。先不要觉得恶心了，我所吃的粪和大家看到的兔粪是不一样的。我排出的兔粪分为两种：一种叫硬粪；另一种叫软粪，而我只吃软粪哦！软粪中有很多营养物质，通过吃软粪使营养物质得到二次利用，有利于我们在野外生存，这是一种正常的生理现象，而不是食粪癖哦！

我快要当妈妈了

12月4日　周六　晴

现在的我已经到了性成熟阶段，也出现了发情求偶特征，就是说我也能繁殖下一代了！虽然能繁殖下一代，要当妈妈了，但现在还不是当妈妈的最好时机。这是因为我的身体还

没有完全发育成熟。如果现在就当妈妈的话，不仅对我自己的身体不好，而且生下来的小兔宝宝也不会很健康。为了将来生出健康的小兔宝宝，我还需要再等一段时间！

我要保持最佳身材

12月13日　周一　晴

　　当一个好妈妈可不是一件容易的事情，为了当一个好妈妈，我要做很多准备，而第一件事就是要保持最佳身材。我不能过瘦，不然生出来的宝宝会很瘦弱，也没有充足的奶水喂养好小兔宝宝。我也不能过胖，太胖的话也会对宝宝不好。所以为了当一个好妈妈，我要保持不胖不瘦的好身材！现在的我又叫空怀母兔，要经过一系列的评定才能做妈妈，比如生长发育情况、健康状况、被毛色泽等。

我要找一个合适的对象

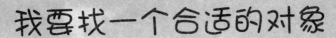

12月18日　周六　晴

今天我去相亲了，好害羞，看了好多帅帅的公兔（也叫雄兔）。不过要和我一起生宝宝的公兔，可不仅仅是长得帅就可以了哦！我的标准可高了，不仅要求公兔本身体格健壮、体型大、不爱患病，还要求公兔的爸爸妈妈没有遗传性疾病，而且公兔的妈妈一胎生的小兔兔要多、奶水要足，特别是初乳要多，要会带小兔宝宝。虽然我知道标准很高，不过这可都是为了我的孩子们着想。

禁止近亲结婚

12月22日 周三 晴

　　人类的《婚姻法》有这样一条规定："直系血亲和三代以内的旁系血亲禁止结婚。"而兔子也不能和有血缘关系的哥哥结婚。因为我们血缘关系很近，和哥哥结婚的话就属于近亲结婚，近亲结婚的会出现近交衰退现象，生出的小兔宝宝生命力就会弱。所以，为了下一代，我要找一个没有血缘关系的、体格健壮的、成年的兔哥哥作为对象。

我结婚了

12月27日　周一　晴

今天天气很好，就像我的心情一样，因为我结婚了哦！我的丈夫长得很帅，身体健康，睡气又好，对我可温柔了呢！我觉得好幸福哦！结婚以后，再经过30天或31天的妊娠期，我就可以当妈妈了，真的好高兴。为了宝宝们的健康，我要锻炼身体，还要保持全面的营养，所以我要吃全价的颗粒饲料，而且在颗粒饲料中还要添加预混料。

我们兔类的体质有多种

1月1日 周六 晴

今天我们讨论身材的问题，我和老公都属于结实型的体质，因为结实型是最健康的体质，有较强的抵抗力。以后我们的宝宝会是什么样的体质呢？是细致型？还是粗糙型？无

论宝宝什么样，我作为妈妈都会好好爱它们的，还要教会它们生存的本领，给它们讲我们兔类祖先的故事，还要告诉它们要相亲相爱、不能打架、不能挑食……

我怀孕了

1月3日　周一　晴

好消息！好消息！我怀孕了！我有些不敢相信，现在肚子里正孕育着小生命。为了好好地迎接小生命的到来，我要和丈夫分开过了，因为两只兔子在一起太吵，对未来兔宝宝的生长不利。我的蛋白质摄入量也增加了。因为是第一次怀孕，我很紧张，需要一个安静的环境，不然突然的惊吓很容易使我流产的。再过 30 天左右，宝宝们就会来到这个世界了哦！

怀孕初期不敢多吃东西

1月9日 周日 晴

今天主人摸了摸我的肚子，确定我是真的怀孕了。不要觉得主人的话很奇怪，因为在我们兔子中经常会出现一种现象，看上去很像怀孕了，实际上却没有，这种现象就叫做假性妊娠。现在的宝宝们还很小，生长发育的速度不是很快，所以我不能吃得太多，以免长得太胖，导致最后生产的时候难产。

小宝宝长得很快

1月17日 周一 晴

　　怀孕快半个月了，这几天我能明显感觉到，宝宝们的成长速度变快了，我的肚子也出现了明显的变化。所以，我每天摄入饲料的量也在逐渐增加，一天能吃300克左右的全价颗粒饲料。昨天发生了一件惊险的事情，主人发现了我食物里有霉变的饲料，并立刻换掉了霉变饲料，及时给我做了全面的健康检查。幸运的是，检查结果表明我和宝宝们都很健康哦！

我拔掉了胸腹部的毛

1月29日　周六　晴

　　当一个好妈妈可不是一件很容易做到的事情，不但要把兔宝宝们带到这个世界，还要能够喂养它们，把它们抚养长大。虽然主人特意为我准备了一个产子箱，里面还有铺好的垫料，很干爽，但我决心给它们一个温暖而舒适的家，我拔下自己腹部的毛来为宝宝们做窝。拔毛还有一个重要的作用，就是刺激乳房分泌乳汁，便于给兔宝宝喂奶。

我怎么吃不下饭了？

2月1日 周二 晴

　　我的怀孕期一般是31天左右，再过几天我就要实现当妈妈的理想了！前几天的我还能吃下很多食物，因为这段时间宝宝成长得很快，可到了临产的这两天，我却吃不下东西了，只喜欢多喝水和食用少量的苜蓿草。这两天主人对我房间的卫生非常在意，可能是因为我体质变虚弱了，使用的物品都要经过消毒。

孩子们出生了

2月2日　周三　晴

今天凌晨开始，由于腹腔内子宫的收缩，我的肚子开始阵痛，要分娩了。生宝宝的过程很痛苦，可是当宝宝们全部出生时，我感动得哭了呢。听主人说，如果到了预产期，我没有足够力气去生兔宝宝，他会给我注射催产素，帮忙催产的。可能是我害怕疼，准时生出了宝宝。产子箱外放着水，供我生产之后口渴时喝。新出生的宝宝和我小时候一样，没有被毛，眼睛都闭着。

我这两天还可以怀兔宝宝

2月4日 周五 晴

　　我生了8个兔宝宝，它们现在都闭着眼睛，每天都在睡觉。而我就努力地吃食物，这样就可以有更多的乳汁供给宝宝们。最初几天的乳汁特别重要，宝宝只有吃足了初乳，才会更加健康。值得骄傲的是，我在生完兔宝宝们的两天内还可以和公兔交配，再次怀上兔宝宝，这种交配方式就叫做匹配。不过，我第一次当妈妈，不急着再生宝宝，先把我这8个兔宝宝养好。

我给兔宝宝们讲故事

2月12日　周六　晴

　　10日龄的宝宝们变得活泼一些了，可它们还没有睁眼，尽管已经长出了胎毛，但还不能出去玩，于是我就抱着它们，给它们讲好多关于我们兔类的神话与传说。第一个讲

的是十二生肖的故事，我们兔类在十二生肖里排行老四。还有守株待兔的故事，我告诉它们：不能像故事里那个人一样，老想着不劳而获，要付出才会有回报。当然还有嫦娥奔月的故事。

我已经8月龄了

2月20日　周日　晴

现在的我已经8月龄了，可兔宝宝们1月龄都不到。8个兔宝宝都很健康，昨天主人还带它们去打了疫苗，提高了它们的免疫力，而且为了我和宝宝们的健康，主人还仔仔细细地为我们所居住的笼子和产子箱消毒。有了这样的细心呵护，相信宝宝们也能像我一样健康快乐！

我 1 岁半了

12月5日 周一 晴

　　我们兔类其实全身都是宝，肉可以食用，皮毛可以做衣服，粪便可以作为肥料、饲料，还可以作为宠物陪伴着人类。时间过得好快，现在的我已经1岁半了，相当于人类的中年了，体力和精力也没有以前那样充沛了。可是，我每天都过得很开心，孩子们已经长大，有的也当上了爸爸妈妈。我还是喜欢晒太阳，因为很温暖、很舒服，可以感受到生命的美好。

无一例外的生命规律

12月3日 周一 晴

　　无论是人类，还是我们兔类，甚至是地球上的所有生物都会经历生老病死的过程，这是大自然的客观规律。几年转眼过去了，现在的我已经开始衰老，行动也不像小时候那么敏捷了。我知道自己快要死亡，不过我一点都不害怕，因为我这一辈子过得很快乐，很满足。大家也不要难过我的离开，因为我的子孙后代会代替我在这个美好的世界生存繁衍！